RECHERCHES

VISION BINOCULAIRE

SIMPLE ET DOUBLE,

ET SUR

LES CONDITIONS PHYSIOLOGIQUES DU RELIEF,

PAR

Le Dr SERRE, D'UZÈS.

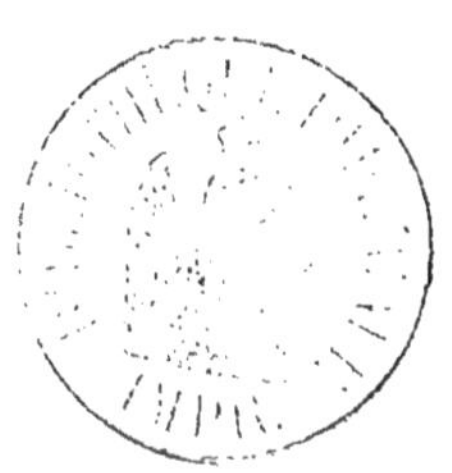

—— ⊙ ——

PARIS.
LIBRAIRIE DE VICTOR MASSON
PLACE DE L'ÉCOLE-DE-MÉDECINE.

Alais. — Typographie et Lithographie de Mme Ve VEIRUN.

:

A M. ÉMILE VERDET,

Professeur de Physique,
Examinateur à l'Ecole Polytechnique.

Dès le principe de mes recherches sur les Phosphènes, *cher M.* Verdet, *vous avez bien voulu me signaler l'erreur de la science contemporaine, d'abord adoptée sans examen, et me ramener ainsi à la bonne voie où l'on marche, depuis lors, de découvertes en découvertes ou applications utiles.*

Daignez, cher M. Verdet, *agréer l'hommage de ce dernier travail, en souvenir de ma gratitude la mieux sentie, non pour vous, ni pour moi, mais pour la Science que vous cultivez avec tant de distinction et à laquelle la Physiologie fait chaque jour de si nombreux emprunts, sans rien perdre cependant de son cachet particulier.*

Alais.

A. SERRE.

RECHERCHES

SUR LA

VISION BINOCULAIRE

SIMPLE ET DOUBLE.

ÉTUDE SCIENTIFIQUE DES PHÉNOMÈNES SENSORIELS.

Voyons-nous droits les objets, bien que leurs images, sur la rétine, soient renversées? Y a-t-il une extériorité? Y a-t-il une direction dans la fonction visuelle? Pourquoi voyons-nous simple et double?

Un grand nombre de physiciens, de physiologistes et de philosophes pensent qu'il ne peut y avoir, dans ces questions, matière à des problèmes de science positive; qu'entre l'impression physique sur le nerf et la sensation qui la suit, il y a un abîme; que les lois de la mécanique ne sont pas applicables à un phénomène physiologique, et ils s'écrient : Quel rapport entre l'impression et la sensation !!!

De pareilles idées arrêtent la marche de la science, et retardent indéfiniment ses progrès.

Leur influence décourageante se fait remarquer dans tous les écrits relatifs à la physiologie des sensations, et, en particulier, dans ceux où il est question de la vue; plus on les médite, plus on les creuse, plus la lacune physiologique s'y fait sentir.

On y voit, en effet, merveilleusement exposée, la constitution physique de l'œil; on y suit la marche des rayons lumineux jusques à la membrane rétinienne; mais, à partir de là, on est immédiatement entraîné, sans transition et pour ainsi dire de plein saut, dans le vaste champ de la psychologie.

De la physiologie sensorielle, rien, ou presque rien; l'élément mental est toujours là, pour servir à l'explication de phénomènes qui lui sont complètement étrangers.

Mais, ainsi que nous l'avons dit ailleurs, entre l'être physique et l'être pensant, entre la nature purement matérielle et la nature intellectuelle, n'y a-t-il pas une nature intermédiaire et mixte, qu'il faut surtout interroger pour pénétrer plus avant dans les mystères de l'organisation; la vie, en un mot, n'est-elle pas ce lien nécessaire?

La vie est une force dont les lois de la mécanique et de la chimie ne peuvent nous révéler l'origine.

Ce principe de manifestation et de limitation de la substance créée, inférieur à celui de la pensée, plus inférieur encore à celui de l'âme, mais supérieur à l'électricité, au magnétisme, à l'affinité, ne saurait se confondre avec ces dernières forces, quelque étroits que soient ses rapports avec elles :

Car il est, évidemment, un progrès accompli sur la matière; comme l'instinct en est un bien marqué sur la vie, comme l'intelligence et l'âme sont la plus sublime expression des attributs divins dont le Créateur s'est plu à doter la plus parfaite de ses créatures.

Dans l'état abstrait où nous venons de la considérer, la vie est une puissance purement virtuelle, se manifestant à l'aide d'une instrumentation qu'elle dirige et gouverne, sans altérer les lois de la matière, autrement que pour les élever et les grandir à sa manière, en leur imprimant un cachet spécial, celui d'une force supérieure à celles de la physique et de la chimie.

Dès lors, s'il y a véritablement un abîme entre l'impression et la perception sensorielle qui lui succède, on peut raisonnablement avoir l'espérance d'en éclairer peu à peu les profondeurs et d'y découvrir, à l'aide d'une étude patiente et progressive, des éléments certains, vérifiables par la voie expérimentale, et amenant des solutions positives aux problèmes offerts par les mystérieux phénomènes de la vie.

En ce qui concerne les phénomènes de la vision, et en particulier l'*extériorité*, la *direction* et le *redressement* des images, questions regardées comme étant seulement abordables par le raisonnement, sans le secours d'une expérience jugée impossible, et sans espoir d'en jamais trouver la preuve positive, nous avons pu, avec l'indication d'un simple phénomène subjectif, passé jusqu'ici à peu près inaperçu dans la science, donner une solution sérieuse à toutes ces questions si longtemps débattues.

Il en était une, celle relative aux phénomènes de simple et double vision binoculaire, dans laquelle le *phosphène* n'était d'abord intervenu que pour nous montrer les infirmités des prémisses servant de base à la théorie des points identiques ou correspondants, adoptée par Read, Wheatstone, Brewster, Müller, régnant conséquemment en véritable souveraine, et officiellement enseignée dans les cours de physique, de physiologie et de philosophie.

La lumière phosphénienne, par les lois de ses manifestations, n'aura pas seulement été indicatrice d'une erreur longtemps accréditée : elle est devenue un guide assuré, le révélateur des éléments principaux qui doivent donner un appui expérimental et inébranlable à l'explication de la simple et double vue, et mettre un terme, nous en avons du moins la légitime espérance, à ce conflit d'opinions contradictoires, résultat nécessaire de l'insuffisance de données pratiques, à la place desquelles l'hypothèse pure avait trop longtemps dominé.

CHAPITRE PREMIER.

A. Phénomènes de simples et doubles images physiques.

1.

Les images, réfléchies dans le même plan par deux miroirs disposés d'une manière convergente, se superposent et n'en forment qu'une, lorsqu'un *écran* intercepte leur marche au lieu de leur croisement.

2.

L'interposition de l'écran par-delà leur intersection, donne lieu à la formation de deux images croisées :

celle de gauche est projetée par le miroir de droite;

Et celle de droite par le miroir de gauche.

3.

L'écran surprenant les images avant le lieu de leur entre-croisement, l'on en remarque une à droite, émise par le miroir de droite;

Et une autre à gauche, émise par le miroir de gauche.

B. Phénomènes de simples et doubles images physiologiques.

1.

Lorsque les deux axes optiques se dirigent sur un objet, cet objet paraît simple.

2.

Dans cette disposition des axes, un autre objet situé plus près donne naissance à deux images croisées : celle de gauche est perçue par l'œil droit;

Et celle de droite est perçue par l'œil gauche.

3.

Si les axes optiques se dirigent sur l'objet le plus rapproché, celui-ci est vu simple, et le plus éloigné est vu double; mais celle des deux images située à droite répond à l'œil droit;

Et celle de gauche à l'œil gauche.

Voilà deux ordres de phénomènes appartenant à

deux mondes différents, et cependant il y a entre eux une fidélité de ressemblance, une identité de résultats tels, qu'il est impossible de ne pas voir, dans leur génération physique et physiologique, une seule géométrie dont les procédés sont, dans le premier cas, successivement appliqués à la nature morte, et, dans le second cas, élevés à la puissance de la vie.

Voyons maintenant quels sont, dans le jeu de la production des images matérielles, *simples* et *doubles*, les éléments constitutifs dont elles relèvent, pour aller à la recherche d'éléments analogues dans celui des phénomènes visuels, et connaître les transformations qu'ils subissent, sous l'influence de l'activité sensorielle.

Nous remarquons dans les miroirs :

1° Une propriété en vertu de laquelle la lumière est *repoussée* à distance de leur surface;

2° Une *direction,* suivant laquelle le rejet du rayon incident s'effectue;

3° La *limitation* de la direction, par la présence de l'écran.

Ces trois propriétés élémentaires nous font comprendre les circonstances diverses dans lesquelles se forment les variétés de dispositions prises par les images physiques.

Elles doivent avoir leurs analogues dans les phénomènes de vision simple et double, et correspondre :

1° La propriété répulsive des miroirs, à l'action en dehors de la rétine, appelée *extériorité*;

2° La direction matérielle de la lumière, suivant les lois catoptriques, à la *direction* imprimée par la rétine aux sensations qu'elle éprouve;

3° La limitation de la direction par l'écran, à la *limitation* opérée d'une manière analogue par le plan virtuel auquel nous avons donné le nom de *rideau physiologique* ou vital.

Fournissons la preuve expérimentale de l'*extériorité*, de la *direction* et de la *limitation* des perceptions sensorielles.

CHAPITRE II.

Extériorité.

L'*extériorité* est la faculté attribuée à la rétine et à ses dépendances de rapporter ses affections en dehors d'elle, au *non moi*; elle a été aussi appelée *action de la vue en dehors*.

Est-elle le fruit d'une expérience acquise, d'un travail de l'intelligence, une simple affaire de jugement?

Les nombreux partisans de la théorie des points identiques ont adopté cette dernière opinion et de la sorte omis, sans s'en apercevoir, l'élément le plus important de la physiologie oculaire, le lien qui rattache étroitement la matière à l'intelligence, et sans lequel la fonction visuelle n'aurait pas sa raison d'être.

Voyons-nous, comme on l'a supposé pour les impressions visuelles primordiales objectives, faites

par le monde extérieur, le cercle lumineux du phosphène immédiatement appliqué sur la rétine et se
confondant avec elle, à l'instar des impressions tactiles
ordinaires s'identifiant avec les parties de la peau
touchées? Non. L'image sensorielle phosphénienne
s'éloigne de la rétine et se fait remarquer hors de
l'organe oculaire. — Quelle que soit la distance qui
la sépare de l'organe lui-même, c'est toujours une
distance : elle est donc extérieure à la membrane
sentante, qui la repousse au loin par sa propre
virtualité, sans rien emprunter à l'élément mental.

La perception simultanée des deux phosphènes
temporaux, d'une manière croisée, n'implique-t-elle
pas nécessairement la distance, la projection et l'éloignement, et, partant, l'*extériorité?*

Comprimée par un corps dur, d'une forme simple
et bien caractérisée, la sclérotique transmet son
impression à la rétine, qui la traduit instantanément
en un sensation de même forme, perçue retournée
dans un point diamétralement opposé.

Dans cette transformation de l'image physique en
une image vitale, il y a des lignes virtuelles qui se
croisent, des angles formés par leur intersection. —

Ces angles ont des côtés : — donc, il y a distance;
donc aussi, il y a *extériorité*.

Ajoutons à ces preuves celle fournie par l'expérience de Purkinge, dans laquelle la rétine projette
au loin, sur les murs d'un appartement, l'image de
ses vaisseaux sanguins dessinés sur sa propre couleur
grisâtre, avec toutes leurs ramifications, exactement
comme ils sont reproduits dans les belles planches
de Soëmmering.

Contrairement aux lois de la sensibilité générale et
tactile, les nerfs optiques jouissent, en conséquence,
de la faculté de placer *hors* d'eux le contenu de leurs
sensations; en vertu de leur propre nature, et sans
le secours d'aucun élément mental, ils accomplissent
le fait remarquable de l'*extériorité*, fondement primitif et capital de tous les phénomènes physiologiques
de la vision.

CHAPITRE III.

Direction.

La deuxième faculté attribuée à la rétine de rapporter ses impressions selon une *direction* déterminée, est naturellement niée par ceux qui n'admettent pas l'*extériorité*; mais ce n'est pas sans laisser poindre leurs hésitations, lorsqu'ils veulent expliquer certains phénomènes de simple et double vision.

Les savants se sont vivement préoccupés de la recherche de cet élément, dont l'intervention leur paraissait indispensable.

Ils ont supposé alors que les perceptions visuelles devaient prendre, dans leur émergence, la route suivie par les rayons immergents émanés de l'objet radieux, et en conséquence, selon d'Alembert, Smith, l'on voit dans la direction de chacune des lignes droites passant par tous les points de l'objet, et la représentation de chacun de ces points sur la membrane nerveuse.

Suivant Porterfield, Brewster, les sensations visuelles sont renvoyées dans la direction d'une ligne qui, partant de l'image produite sur la rétine, passe par le centre de la surface sphérique de cette membrane, dans la direction de la normale à cette même surface.

Ces résultats ont été *inductivement* tirés de l'hypothèse en vertu de laquelle les sensations devaient être adressées à l'objet, en suivant la voie prise par les rayons lumineux eux-mêmes; aussi sont-ils regardés par Buffon, Müller, comme étant purement arbitraires.

C'est, qu'en effet, rien d'*expérimentalement direct* n'est invoqué pour la justification de cette hypothèse.

C'est le *phosphène* encore, qui, par son mode de manifestation, vient nettement trancher la question et lui donner une solution positive, conforme aux rigueurs de la méthode scientifique, et découlant, comme conséquence nécessaire, de l'*extériorité*.

Si l'on mène, en effet, une ligne du point de la rétine, tactilement excité par la compression méthodique de la sclérotique, au centre de l'image phosphénienne extérieurement perçue, cette ligne passe par le centre du cristallin. — En prenant de la sorte plusieurs autres directions, en titillant d'autres points, on précise le lieu de leur croisement dans le centre de cette lentille.

La direction prise par la cause impressionnante n'exerce donc aucune influence, aucune action sur la *direction* vitale imprimée par la rétine à ses perceptions lumineuses.

Qu'une particule ou un groupe de particules soit sollicité *intérieurement* par la pointe d'un pinceau ou un faisceau de lumière traversant les milieux diaphanes ; ou bien *extérieurement,* à travers les enveloppes de protection, par la pointe ou le bout arrondi d'un crayon ; que les rayons lumineux frappent la membrane rétinienne sous tel ou tel angle ; que l'instrument compresseur de la sclérotique affecte telle ou telle inclinaison par rapport à la courbure de sa surface, la sensation, dans sa projection extérieure, suit toujours invariablement la ligne qui passe par le point excité et le centre du cristallin, pour aller se confondre, soit avec l'*objet*, soit avec le *phosphène,* car l'un et l'autre sont, dans ce cas, rapportés au même endroit du champ visuel.

2

Voilà, selon nous, la preuve expérimentale de l'existence d'une *direction* virtuelle géométrique, déterminée par une force autocratique de l'organe sensitif indépendante de la direction de sa cause excitatrice.

Quoique virtuelle, cette direction n'est pas moins évidente et tout aussi certaine que le sont les lignes et les foyers virtuels des miroirs sphériques.

Dans le monde primitif et virginal de la lumière phosphénienne, tout se manifeste dans des conditions simples, exemptes des complications de la vue extérieure objective; inutile de se préoccuper des effets de l'habitude et d'une expérience acquise. — Ce monde les ignore complètement, car il n'agit que dans sa propre sphère, et là toutes les apparences sont des réalités élémentaires de l'organe chargé de les produire; ces réalités sont isolées et tellement dégagées de la cause incitatrice, qu'il est impossible de les confondre avec elle :

Elles sont faciles à mettre en jeu et deviennent un guide certain, qui conduit l'observateur le plus vulgaire à la constatation des prémisses scientifiques, destinées à devenir les éléments de la solution expérimentale des problèmes de l'*extériorité* et de la *direction,* dont l'existence sort ainsi définitivement de l'hypothèse pure, pour prendre rang parmi les vérités pratiques; car les lois du *phosphène* sont le parfait type des lois de la vue ordinaire ou objective, si difficile à explorer, à cause des complications de perfectionnement dont elle a été entourée et qui en voilent les mystères aux esprits les plus familiarisés avec l'art de scruter les phénomènes vitaux.

CHAPITRE IV.

Limitation. — Rideau physiologique.

Si l'organe de la vue n'était régi que par l'*extériorité* et la *direction* sans limite, le monde n'offrirait rien de précis aux regards de l'homme et des animaux.

Müller dit, avec raison, qu'il est impossible, à

l'aide de la direction seule, de comprendre comment on voit simple, malgré l'impression faite par un objet sur la rétine de chaque œil, lorsque cet objet est situé à l'intersection des deux axes optiques, son image étant portée, en deux endroits différents, dans le prolongement de chacun d'eux.

Nous avons également reconnu l'insuffisance de l'extériorité et de la direction illimitée, lorsque nous avons voulu expliquer, par ces seules propriétés vitales, les phénomènes de simple et double vision : force a été de supposer l'existence d'un autre élément.

Nous avons cherché et trouvé dans la géométrie de la fonction, cet élément inconnu qui, réuni aux deux autres, devait compléter une théorie embrassant, dans son vaste réseau, tous les faits relatifs à la physiologie de la vision.

Du reste, l'idée d'une cause limitatrice, réduisant en apparence tous les objets visibles en un plan et à une distance uniques, nous l'avons retrouvée, plus tard, en germe dans l'*horoptre*, figure géométrique à propriétés spéciales, remontant déjà à une époque très-reculée.

Le jésuite Aguilonius, et ensuite Porterfield,

l'adoptèrent : l'un, comme un plan droit; l'autre,
comme un plan courbe, auquel les deux yeux rapportent toutes leurs sensations, et qui passe par le
point d'intersection des deux axes visuels et de leur
bissectrice.

Mais ces grands observateurs, d'ailleurs si bien
inspirés par l'esprit inductif, n'ayant pas donné à
leur hypothèse la consécration expérimentale, n'ont
pu, malgré la justesse de leur prévision, ramener
à leur théorie l'opinion commune, plus tard égarée
dans celle des *points identiques* ou *correspondants*.

A. *Réduction du monde visible à un plan unique
et sensoriel.*

Primitivement, le monde visible, traduit par l'organe cérébro-oculaire en une sensation extérieurement perçue, ne présente rien qui puisse indiquer la
réalisation de ses inégalités matérielles.

L'image sensorielle est le *décalque* exact de l'image
daguerrienne empreinte sur la rétine. Si la dernière
est dessinée sur une surface et ne présente aucune
saillie, l'autre n'a rien qui puisse tenir de la bosse ou

du relief : c'est donc la toile d'un panorama vivant, où l'apparente vérité de la sensation se confond insensiblement, par l'habitude, avec l'objet extérieur qui la détermine, par une illusion analogue à celles qu'amènent les toiles circulaires de nos grands artistes, mais bien autrement complète.

Cette illusion, cause de tant d'erreurs pour la science, qui s'y laisse prendre, provient de la vérité représentative du tableau sensoriel, où les lois de la perspective, la dégradation des teintes, font voir un monde de réalité objective, là où ses apparences sont si fidèlement reproduites.

La mission du dessinateur et du peintre tend à éliminer l'objectivité, pour la réduire à l'apparence subjective de nos impressions visuelles, lesquelles sont elles-mêmes une *réalité* vitale, *un signe,* par l'interprétation duquel nous remontons à la connaissance du monde extérieur ou objectif. Telle doit être aussi la mission du physiologiste, qui veut approfondir le mécanisme vivant de nos perceptions visuelles. Ces perceptions, rapportées à l'extérieur, sous une direction et à une distance déterminées, ne sont pas conformes à la réalité des objets ; elles sont contractées sur un plan unique, suivant une irréprochable perspective, qui reproduit ces mêmes objets avec leurs seules apparences visibles et tels qu'ils sont imagés sur la membrane daguerrienne.

On verra bientot comment le concours simultané des deux yeux contribue à donner le relief à de simples lignes en perspective, vues à travers le délicieux instrument de Wheatstone, et comment on confond l'objet lui-même avec la sensation qui la suit et la représente dans son *verbe* physiologique; qu'on nous passe cette expression, rendant mieux notre pensée qu'aucune autre.

B. *Fixation de la distance relative du plan ou rideau physiologique.*

En regardant deux images *semblables,* placées dans la direction des lunettes convergentes d'un stéréoscope, en avant de l'intersection de leurs axes, ces deux images n'en forment qu'une seule.

La même unité d'impression se fait remarquer lorsque les deux images sont placées en arrière du croisement de ces axes.

Dans ces deux expériences, le *plan* (le *rideau physiologique*) situé au point d'intersection des deux lunettes où s'opère la vue unique, est le lieu géométrique auquel les images des objets rapprochés se trouvent refoulées, et celles des plus éloignées ramenées d'une manière invariable. Ceci montre avec une rare évidence la réalité subjective du *rideau physiologique,* et la faculté que possèdent les deux yeux, de le transporter à la distance qui leur convient.

Supposons, en effet, que les yeux portent leur regard sur un point *a (fig.* 1) : le *rideau physiologique a b* se trouve par cela même déterminé et devient invariable, tant que les yeux restent dans la même situation. Si donc nous regardons en même temps *b,* vu simple, dans une autre direction, la sensation en provenant sera immédiatement transportée dans cette direction jusqu'au rideau physiologique, et il faudra que ce point, situé sur l'*horoptre,* soit à la même distance des deux yeux que le point *a.*

Or, la *distance* ne peut s'apprécier que par la valeur de l'angle soustendu par l'intervalle qui sépare les particules de la rétine de chaque œil. C'est la seule manière de l'envisager. (Ce que nous appelons distance n'est pas une longueur, c'est un angle; car c'est toujours d'après cet angle, et non d'après la longueur du rayon physiologique que nous apprécions l'éloignement relatif.)

Donc, le *rideau physiologique* est le lieu géométrique des sommets de deux angles *égaux* x, y. Dans un plan, ce lieu géométrique est un arc de cercle; dans l'espace, c'est une surface de révolution engendrée par la rotation de cet arc autour de l'axe, qui réunit le centre des deux cristallins. C'est la surface d'un *tore* et non celle d'une sphère, comme le veut Porterfield.

L'existence et la détermination du *rideau horoptérique* ou *physiologique* se déduisent immédiatement, ainsi que nous venons de le démontrer, des propriétés de réaction, d'*extériorité,* et de *direction* de la rétine, et renferment la preuve d'une *limitation* à cette dernière propriété.

La *limitation,* ou temps d'arrêt imprimé à la direction de nos sensations visuelles, n'est point un phénomène variable et contingent. Elle s'accomplit avec une rigueur géométrique susceptible d'être mesurée, et conséquemment évaluée avec une précision toute mathématique.

Circonscrite dans le domaine de nos appréciations subjectives, elle devient la *trigonométrie* de l'instinct, qui l'établit sur une base, et les deux angles visuels formés à ses extrémités.

Le lecteur trouvera, dans la suite de ce travail, d'autres preuves de l'existence du plan unique destiné à limiter nos sensations visuelles.

CHAPITRE V.

Explication de la vue simple et double.

L'extériorité, la *direction* et la *limitation* des rayons sensoriels étant démontrées par la voie expérimentale, nous pouvons aborder avec confiance l'explication de la vue simple et de la vue double, à l'aide de ces prémisses positives.

Le point radieux a allant impressionner (*fig.* 2) la rétine de l'œil gauche en k, et celle du droit en k', il se produit aussitôt deux sensations lumineuses, qui, en vertu de la loi d'extériorité et de direction, sont projetées au dehors, suivant les lignes $k\,a$ et $k'\,a$, tirées du point excité de la membrane, au centre du cristallin, et en suivent les prolongements jusques à la rencontre du rideau physiologique transporté en $b'\,a\,b''$, par la congruence de deux axes optiques au point a, où elles se superposent complètement pour ne former qu'une seule image.

Sans déranger les axes optiques, que la volonté maintient dans cette convergence, l'on peut porter une partie de son attention sur l'objet radieux b, plus rapproché de l'œil : cet objet excite la rétine gauche en m et la droite en m'; les deux sensations en provenant sont renvoyées à l'extérieur, dans les directions des nouveaux points sollicités au centre du cristallin; et ne trouvant pas de barrière en b, où est leur objet provocateur, elles s'y croisent pour continuer leur marche jusques au rideau physiologique $b'\,a\,b''$. L'une se montre en b' et l'autre en b'', la première appartient à l'œil droit et la seconde à l'œil gauche : vérification facile à constater en fermant tantôt l'un et tantôt l'autre de ces organes.

Changeons la direction des deux axes optiques et dirigeons-les sur le point b (*fig.* 3); à l'instant même ce dernier ne forme plus qu'une seule image par la superposition des deux sensations auxquelles il donne naissance : car, après avoir suivi les directions $k\,b$ et $k'\,b$, elles sont arrêtées par le rideau physiologique transporté en $a'\,b\,a''$, par la coïncidence des deux axes optiques en b.

D'un autre côté, a est senti par les deux rétines en o et o', qui réunissent leurs sensations selon les lois d'*extériorité* et de *direction* suivant les lignes $o\,a$, $o'\,a$; mais au lieu de poursuivre leur marche jusques en a, qui les a fait naître, elles s'arrêtent à moitié chemin et laissent à cette distance deux images a', a'' : la première, qui est à gauche, appartient à l'œil gauche; et la seconde, qui est à droite, appartient à l'œil droit. Sans l'interposition du *rideau physiologique*, qui limite la *direction* prise par les sensations, l'on verrait, dans cette expérience, comme dans la précédente, constamment quatre images croisées et rapportées à l'infini. Il n'y aurait jamais de vue simple.

Ainsi, avec le jeu de la simple et double vue, nous pouvons connaître, dans une certaine limite, sans jamais nous tromper, l'éloignement ou le rapprochement relatif des objets, lorsqu'il serait difficile quelquefois à l'élément mental d'opérer avec une semblable précision sur d'autres renseignements de la sensation. Quand les images doubles sont croisées, nous jugeons que l'objet qu'elles représentent est situé plus près que l'objet vu simple.

Sont-elles, au contraire, posées chacune du côté de l'œil auquel elles appartiennent, nous concluons un plus grand éloignement de l'objet dédoublé.

A l'aide du triple phénomène de l'*extériorité,* de la *direction* et de la *limitation* du trajet des images sensorielles, tous les cas possibles de simple et double vue reçoivent une solution immédiate, sans laisser subsister l'ombre d'un doute sur le mécanisme physiologique de leur moindre détail.

L'identité des résultats obtenus par la voie physiologique et par la voie de la physique catoptrique est telle, que si le lecteur éprouve quelque embarras à bien se rendre compte de notre explication, nous l'engageons à supposer que les particules de la rétine *k k'*, *o o'* (*fig.* 2 et 3), sont autant de miroirs polis réfléchissant la lumière dans la direction du centre cristallinien. Mettez un écran en *b' a b''* pour limiter la direction des images réfléchies, celles des miroirs *k k'* se superposeront en *a*; et celles de *m m'*, après avoir convergé jusques en *b*, s'y croiseront et continueront leur marche en divergeant jusques à la rencontre de l'écran en *b'* et *b''*.

Si l'on rapproche l'écran et qu'on le mette en *a' b a''*, les images des miroirs *k k'* se réunissent en *b*, et celles de *o o'* restent isolées sans se croiser en *a'* et *a''*.

En éloignant insensiblement l'écran, les images réunies en *b* se séparent en se croisant; et celles fixées en *a'* et *a''* se rapprochent et finissent par se superposer lorsque l'écran est arrivé en *a* (*fig.* 2).

Dans l'expérience physique, ainsi que dans l'action de la rétine, peu importe que la lumière arrive sur le miroir dans un sens ou dans un autre : le point essentiel consiste à orienter ce dernier, de manière à ce qu'il la réfléchisse dans la direction du centre du cristallin. Voilà pourquoi une bougie unique suffit à la manifestation d'une image par chaque miroir, et tient la place des deux objets *a* et *b*, qui impression-

nent la rétine et dont on doit négliger la présence
lorsque leur action s'est faite médiatement par l'*ondu-
lation éthérée*; car, à dater de ce moment, l'objet n'est
plus rien dans l'acte *instantané* de la vision.

CHAPITRE VI.

Examen de quelques théories sur la vue simple et double.

A. Prévost, Gall se rendent compte de la vue
simple en restreignant l'acte de la vision au jeu d'un
seul œil. Cette opinion n'est fondée que pour certains
cas pathologiques : le strabisme, l'inégalité de portée
visuelle et l'impossibilité de voir un objet avec les
deux yeux à la fois ; mais, dans l'état normal et dans
les circonstances ordinaires, la vue simple d'un objet
et la vue double d'un autre situé en avant ou en
arrière, sont la preuve évidente d'un travail binoculaire.

B. D'autres prétendent que la véritable cause de la vue simple, avec les deux yeux, réside dans la faculté que nous aurions de voir les objets à l'endroit où ils sont.

Cette hypothèse est contraire aux lois physiologiques de la vision, manifestées par le stéréoscope. Placez, en effet, avant ou après l'entre-croisement des lunettes de cet instrument deux objets, vous les verrez aussitôt se confondre en un seul, au lieu du croisement virtuel des deux axes optiques renfermés dans les tubes. L'on ne voit donc pas les objets à l'endroit où ils sont, mais à celui où les images se superposent, là où les axes optiques ont transporté le *rideau physiologique,* au sommet de l'angle formé par leur intersection.

C. THÉORIE DES POINTS IDENTIQUES. « La vue simple a lieu dans des points déterminés de la rétine; d'autres points de cette membrane des deux yeux voient toujours double, lorsqu'ils sont affectés simultanément. On appelle points *identiques* ou *correspondants,* les points de la membrane nerveuse qui ont la propriété de voir leur image au même endroit du champ visuel. »

Le savant Müller, dont les travaux ont jeté un si grand éclat dans la science des êtres vivants, a voulu fonder l'identité sensorielle des parties symétriques de la rétine, sur le mode de manifestation des cercles lumineux provoqués par la compression simultanée du côté externe d'un œil et du côté interne de l'autre. Dans notre *Essai sur les Phosphènes,* p. 72, nous avons consigné le résultat de nos recherches à cet égard, et soutenu la production constante de deux images et la disparition presque totale de l'une d'elles, lorsque la jonction commence à se faire. Si le phosphène pouvait surgir de lui-même d'une manière spontanée, sans déplacer le globe oculaire par la compression, les images subjectives, appartenant au même méridien et au même parallèle, devraient se confondre au même endroit du champ visuel. Mais, dans la sollicitation ordinaire du cercle lumineux, l'organe est déplacé, son orientation et sa direction sont changées : de là, les deux images lumineuses, et de là aussi la vue double de tous les objets extérieurs perçus pendant cette tentative.

5

L'inexactitude de la prémisse expérimentale de Müller (prémisse adoptée par Longet et Béclard) éveilla, dès le principe, nos doutes sur la portée de la théorie des *points identiques,* et, après deux années de recherches et de méditations incessantes, nous avons pu nous convaincre qu'elle n'explique rien, et se borne à constater un ordre de faits en opposition avec un autre, sans jeter la moindre lumière sur leur différence.

La théorie en question ne peut rendre compte scientifiquement de la formation et de la situation des doubles images par rapport aux yeux auxquels elles appartiennent; lorsque les axes optiques se croisent entre l'objet et l'œil, l'image de gauche appartient à l'œil gauche, et celle de droite à l'œil droit; si, au contraire, les axes se croisent au-delà de l'objet, l'image de l'œil droit se trouve au côté gauche opposé et celle de l'œil gauche au côté droit (*fig.* 2-3), comme on peut facilement le reconnaître en fermant un des yeux.

Les partisans des *points identiques,* qui limitent l'action de la rétine à sa surface, nient conséquemment l'*extériorité,* la *direction,* et font, de la sensation visuelle, une pure affaire de *jugement* dont ils sont fort embarrassés en présence de ces faits.

En premier lieu, il leur semble bien que, pour concevoir la situation des images croisées à l'égard des yeux qui les perçoivent, il vaut mieux invoquer la direction imprimée par la rétine à ses impressions, que l'ordre de situation de ses particules élémentaires excitées. Dans ce cas, les phénomènes de la vue double sont regardés comme une preuve du rétablissement de la vue renversée.

« Mais, dans l'expérience citée plus haut, de la double image *non croisée,* les particules rétiniennes voient les objets dans l'ordre des images faites par les objets sur cette membrane; en conséquence, le monde est vu sensoriellement renversé, et *mentalement* redressé : inutile donc de recourir à la théorie de la direction. »

Ainsi, les *points identiques* ne peuvent rendre compte de la disposition croisée des images dédoublées, et l'explication qu'ils donnent des images non croisées est loin de satisfaire un esprit tant soit peu sévère.

Nous avons cherché, avec soin, le côté vrai de

cette théorie, et voici en quoi il consiste : elle fait empiriquement connaître les parties de la rétine destinées à confondre, ou à percevoir séparées les impressions qu'elles éprouvent sans remonter à la cause. C'est là peut-être un des résultats les plus remarquables déduits de l'horoptre, résultats parfaitement en harmonie avec notre théorie sortie des lois d'*extériorité*, de *direction* et de *limitation*.

Chez l'homme, sauf quelques cas particuliers, la désignation est exacte; mais que nous apprend la connaissance des points correspondants, relativement à la formation variée des images multiples? Rien. Quant aux animaux, le rapport des parties identiques et des parties différentes des deux rétines est si profondément altéré chez eux, à cause de la divergence des yeux, qu'il y a des points en partie identiques et en partie différents, sans points correspondants dans l'autre œil (Müller).

La théorie des points correspondants est donc radicalement frappée d'impuissance, car elle est en dehors du plus grand nombre des phénomènes visuels de l'homme, et pour ceux des mammifères elle ne peut jamais les expliquer, malgré la torture forcée qu'on lui fait subir. Par la nôtre tout s'éclaircit, tout est compris dans ces deux ordres de faits si différents en apparence. L'animal, soumis aux mêmes lois d'*extériorité,* de *direction* et de *limitation* par la congruence des axes optiques, subit les mêmes modifications sensorielles que l'homme, lorsque ses yeux sont simultanément affectés par un ou plusieurs objets. Le point chargé de la vue distincte, celui auquel va aboutir l'axe optique, est d'autant plus porté en dehors que les globes oculaires ont une plus grande divergence : lorsqu'ils sont situés sur les parties latérales de la tête, chaque organe voit isolément; la vue binoculaire étant alors impossible, les doubles images ne peuvent plus se former.

On a pensé que la vue simple, par les points identiques des deux rétines, doit avoir sa cause dans l'organisation des parties profondes ou cérébrales de l'appareil visuel, et que, dans tous les cas, cette cause est organique; car jamais, dit-on, ce n'est une propriété des nerfs pairs, qu'ils rapportent leurs affections à un même lieu.

Sans doute, l'élaboration des impressions rétiniennes s'accomplit dans l'appareil nerveux cérébro-oculaire, d'où la nécessité d'admettre un système organique dirigé par la force vitale, impuissante sans le concret qui, seul, peut la manifester; mais ces grandes vérités physiologiques n'excluent pas les lois fondamentales de la fonction et sur lesquelles nous sommes si souvent revenu. Les nerfs optiques, pairs de leur nature, quoique intriqués dans le chiasma, ont la faculté, déjà démontrée, de rapporter leurs affections à un même lieu, lorsque les images des objets sont renvoyées dans le plan normal que les axes forment entre eux, jusqu'au *rideau* physiologique qui les arrête au moment de leur superposition, ou de les voir en des lieux différents, si elles sont limitées par le même obstacle avant ou après leur croisement dans l'espace.

Si l'on trouble l'équilibre normal imposé à la direction des deux globes oculaires, à l'aide du déplacement de l'un d'eux par la pression du doigt, l'on voit instantanément l'objet simple former deux images. La mobile appartient à l'œil comprimé et peut tracer autour de l'autre un cercle complet dont cette dernière occupe le centre. En le déplaçant successivement dans tous les sens, l'image nouvelle apparaît à droite, à gauche, en bas et dans toutes les situations intermédiaires.

Voici encore un second fait non moins éloquent que le premier contre l'inertie sensorielle de la rétine, et tout en faveur de la faculté possédée par cette membrane, de jeter, de diriger au-dehors ses impressions et de les limiter comme le miroir réfléchit la lumière matérielle, comme l'écran en règle le parcours. Fixez vos regards sur les lignes d'une page, puis comprimez très-légèrement un œil à la partie externe, le droit ou le gauche, peu importe, les lignes se dédoublent ; la ligne mobile descend aussitôt, et si la pression est lente il est facile de la faire coïncider avec la ligne inférieure, avec laquelle elle se confond.

Ces faits, ainsi que tous les autres, s'expliquent sans lacune par le transport du *rideau physiologique* en un autre endroit plus rapproché, plus éloigné, situé à droite ou à gauche de l'objet de l'expérience, selon que les doubles images se croisent ou ne se croisent pas ; le lecteur pourra lui-même les reproduire avec trois miroirs et un écran. Le résultat obtenu de cette manière sera conforme au travail physiologique de la rétine.

Il pourra aussi, à l'aide d'une opération graphique, d'une extrême simplicité, arriver sans tâtonnement à la détermination du lieu où l'entre-croisement des axes optiques a transporté le *rideau physiologique*, et se rendre compte du mécanisme des images, quelque complexe que soit le jeu de leur manifestation.

Du centre optique de chaque lentille cristalline (*fig.* 5), menez une ligne passant par l'objet *b*, vu double, dont vous connaissez la situation et la distance par rapport aux deux globes oculaires; prolongez ces deux lignes au-delà de leur intersection, pour former ainsi deux angles opposés par le sommet *b b' b''* et *b b''' b''''*. Si les images sont croisées, portez la distance qui les sépare au-delà de l'objet *b*, sur l'écartement *b' b''* égal à cette distance, pour former un triangle : la base, tournée en haut, porte à ses extrémités les points limitateurs du *rideau physiologique* où se trouvent rapportées en *b'* et *b''* les images isolées et croisées.

Si les images ne sont pas croisées, leur distance devra être portée en-deçà de l'objet *b*, sur l'écartement *b''' b''''* pour former un autre triangle. La base, tournée en bas, porte à son extrémité les points du *rideau* où se trouvent vues en b''' et b'''' les images de b isolées et non croisées.

Les bases de ces triangles sont donc sur la limite où convergent les axes optiques; voyez les *fig.* 2 et 3 dont la seule inspection suffit à l'intelligence du procédé graphique qui doit servir à vérifier la fidélité du résultat de nos recherches sur la formation des images simples et doubles. Ce procédé est établi sur la connaissance de l'éloignement de l'objet, du croisement ou non croisement des images et de leur distance respective.

Ne cherchez pas maintenant à expliquer les combinaisons des images par les dispositions anatomiques données aux fibres des nerfs et à leur racine : ainsi qu'on l'a dit ailleurs, il n'y a pas de côté droit, de côté gauche dans les profondeurs *sensorielles* de la matière organisée. Wollaston, Newton, Rohaut, ont jeté en l'air et comme une simple pâture à notre avide curiosité, des complications fibrillaires que l'œil n'a jamais vues, que le scalpel n'a jamais isolées.

CHAPITRE VII.

Stéréoscope.

Read et ses prédécesseurs, partisans des propriétés attribuées aux points identiques, indiquaient déjà les effets d'un appareil destiné à réunir les images de chaque rétine provenant de deux objets convenablement disposés pour produire cette illusion du sens de la vue, rendue si merveilleuse par l'instrument de Wheatstone. Cet instrument (*fig.* 5) consiste en deux tubes t t', armés de verres grossissants, maintenus dans un certain degré de convergence par un support q q' : les deux yeux k et k', placés devant ces tubes, voient en a, confondues en une seule et unique image, celle formée dans chacun d'eux par les corps c et c' mis dans la direction des axes optiques. Même unité d'impression se forme pour les corps d et d' situés au-delà du croisement de ces mêmes axes.

La théorie des points identiques n'est pas, comme on l'a supposé, en contradiction avec l'expérience de Wheatstone. Elle se borne à constater, ici comme ailleurs, la propriété synesthésique des éléments spéciaux de la rétine, sans pénétrer plus profondément dans la cause du curieux phénomène qu'elle met en évidence.

L'*extériorité*, la *direction* et la *limitation* expliquent le pourquoi, d'une manière plus large et je pourrais dire complète, en ce sens que ces éléments permettent de saisir tous les détails appréciables de l'expérience précitée et la font comprendre dans son ensemble.

L'objet c impressionne seulement l'œil gauche, puisque la lumière $c\,b\,h'$ est arrêtée en h'. L'objet c' agit seulement sur l'œil droit, puisque le rayon $c'\,b\,h$ est aussi arrêté en h. Les particules k de l'œil gauche, et k' de l'œil droit, rejettent à l'extérieur leur image sensorielle dans le sens du cristallin, conséquemment suivant l'axe optique physiologique jusques en a, où est transporté le *rideau* vital; à ce point, les deux images se superposent et donnent la sensation d'un objet unique.

L'objet *d* n'est venu que par l'œil droit, car le rayon *d i t* rencontre la paroi externe du tube *t*. L'autre *d'* n'est venu que par l'œil gauche, car le rayon *d' i' t'* tombe en dehors du tube *t'*. L'impression éprouvée par chaque œil est retournée selon la loi ci-dessus, dans les directions *k d'* et *k' d*, limitées par le rideau physiologique *r r'*, et les deux images se superposent exactement en *a*, où les objets *d* et *d'* semblent être ramenés par la coïncidence de leur image.

Si l'appareil disparaissait immédiatement, les yeux et les objets restant d'ailleurs à la même place, quelle complication surviendrait-il dans le jeu des sensations visuelles produites par la double impression de chaque objet sur les particules des rétines des deux yeux? Le voici : sur la limite du *rideau* physiologique on trouverait en *a*, réunies en une seule, les images de *c* et de *c'* appartenant aux points *k* et *k'*, et celles de *d* et de *d'* appartenant aux mêmes points excités. En voilà donc quatre en parfaite coïncidence au point *a*.

Mais *c* peut maintenant pénétrer dans l'œil droit et solliciter la rétine en *m'*; — cette partie, située à la partie externe de l'axe visuel, renvoie son impression sensorielle dans le sens du cristallin où elle croise cet axe en suivant la direction m' h' b c jusques en r, point du rideau limitateur où elle se fixe. C' pénétrant aussi dans l'autre œil et y sollicitant la rétine en m, est renvoyé en suivant la direction m h b c', jusques en r', où il est rapporté.

D, grâce aussi à la suppression de l'appareil, envoie un faisceau à l'œil gauche au point o, qui réagit dans la direction o d. En c''' l'impression se porte en dehors de l'axe optique, puis, suit sa marche et s'arrête en i. — D' envoie un faisceau à l'œil droit au point o', qui réagit à son tour de la même manière et transporte son image en i'.

De sorte, qu'on remarque sur le rideau physiologique r r' :

1º Une image a formée par la superposition de quatre images sensorielles ;

2º Deux images croisées, r appartenant à l'œil droit, r' appartenant à l'œil gauche ; la première provient de l'objet c et la deuxième de l'objet c' ;

3º Enfin, deux images non croisées, celle de gauche i, perçue par l'œil gauche, et celle de droite i', perçue par l'œil droit; l'une a été provoquée par l'objet *d*, et l'autre par l'objet *d'*.

En tout cinq images, dont une est le résultat d'une quadruple superposition, et les quatre autres celui de perceptions isolées.

Veut-on reproduire l'effet isolant et unitaire du stéréoscope, d'une manière aussi simple qu'efficace, il suffit pour cela de disposer trois morceaux de carton comme il suit :

Le carton *b* (*fig.* 6) est placé près du visage, dans le sens de la bissectrice des deux axes, de façon à empêcher les rayons *c t'* et *t* d'impressionner l'œil opposé à l'objet d'où ils proviennent.

Le carton *r i* arrête le rayon hors d'axe *d i t*, et le carton *i' r'* le rayon hors d'axe *d' i' t'*, de sorte que les objets *c* et *c'*, situés avant le rideau physiologique, et les objets *d* et *d'*, situés après ce rideau, se trouvent dans les mêmes conditions d'isolement qu'on remarque dans l'appareil compliqué mais prodigieusement perfectionné par Wheatstone.

Si l'on borne le rôle du stéréoscope à la contemplation de deux images placées avant l'entre-croisement des axes, et c'est là, en général, l'usage auquel on le destine, il est aisé de l'imiter en mettant sur un papier deux pains à cacheter que l'on sépare par un carton de 20 à 30 centimètres, verticalement posé à égale distance de ces deux objets; puis, en appliquant le nez sur la tranche de carton et cherchant à fixer le regard sur chacun d'eux, le moment arrive bientôt où les pains à cacheter se rapprochent et se superposent totalement, s'ils sont convenablement écartés.

Si donc « les objets, qui lors de la rencontre des axes optiques, se trouvent en quelque point placés soit en avant, soit en arrière du plan de l'*horoptre*, paraissent aussi bien simples que s'ils étaient dans ce plan » (Wheatstone), c'est qu'ils n'impressionnent chacun qu'un *seul* œil à la fois, tant que l'appareil remplit son rôle isolant; — mais, lorsque cet appareil est enlevé, ces mêmes objets apparaissent immédiatement doubles, par la formation des images physiologiques appartenant aux deux yeux simultanément impressionnés, avec leur disposition croisée ou non croisée, selon le lieu où le *rideau* vital les a arrêtées.

Ainsi tombe la grande erreur acceptée comme une vérité par les physiciens les plus éminents, et servant de support au seul argument que la science ait pu opposer à la théorie de la *direction* et aux propriétés généralement attribuées à la ligne horoptérique; — je dis généralement, parce que dans certaines positions des organes oculaires, *tous* les objets, n'importe leur situation par rapport à l'horoptre, sont vus doubles; lorsque les axes optiques, par exemple, accidentellement déplacés, ne se trouvent plus sur le même plan; en ce cas, il n'y a pas d'intersection, pas de coïncidence d'images sensorielles, pas de vue simple possible. — Le fait d'images physiologiques toujours perçues doubles, est analogue à celui des images physiques doubles, réfléchies dans des plans différents, de manière à ne pouvoir se superposer.

CHAPITRE VIII.

Relief.

Après ces explications données sur la théorie générale du stéréoscope, d'où provient maintenant la sensation de relief, sensation si complète que deux images prises au daguerréotype, en se fondant en une seule, sous l'action binoculaire de l'instrument, provoquent immédiatement l'idée de l'objet fidèlement reproduit dans le tableau daguerrien, et non l'idée d'une surface portant son image?

Les sensations de la vue s'associent naturellement, par une longue expérience, à celles du toucher. Ce dernier sens ajoute le sentiment de résistance à celui de relief fourni par les apparences visibles de l'étendue limitée. Cette solidarité n'exclut pas pourtant l'action spéciale de l'organe de la vision, qui, par des signes particuliers, réveille dans notre âme les trois conditions du relief, savoir : la *hauteur*, la *largeur* et la *profondeur,* réductibles elles-mêmes à une simple question de distance. Or, celle-ci est parfaitement appréciable dans ses trois différentes dispositions par les seules sensations de la vue : les données du toucher ne sont donc pas indispensables : elles n'offrent d'ailleurs ni la précision, ni l'ampleur désirables pour saisir les détails infimes et l'ensemble de l'espace apercevable.

L'illustre inventeur du stéréoscope, cherchant pourquoi les deux différentes images que reçoivent les rétines engendrent la perception d'un objet en relief, en donne d'abord une explication qu'il ne tarde pas à rejeter lui-même, comme insuffisante, pour expliquer l'ensemble du phénomène; — selon lui, la théorie des points identiques est complètement muette ou contredite par les faits, et celle de la direction, proposée jusques à ce jour, est trop limitée pour être vraie.

L'esprit rigoureux de Wheatstone ne pouvait se contenter de la théorie de la direction, alors qu'elle n'est pas appuyée d'un côté sur l'*extériorité* et de l'autre sur la *limitation.* Ce sont là, en effet, ses éléments complémentaires, sans lesquels, évidemment, il est impossible d'expliquer l'ordre de faits nouveaux, saisissants, issus des belles expériences faites par cet homme de génie. — Il a surpris les secrets les plus intimes des phénomènes visuels, en réalisant, à volonté, les conditions du relief, de manière à confondre, dans la même impression, celle de l'original et celle des images différentes qu'il projette sur chaque rétine.

Lorsqu'un objet est vu à une distance telle que les axes optiques soient sensiblement parallèles, les perspectives que l'on en prend séparément avec chaque œil sont identiques : l'aspect qu'il présente est donc exactement le même que si on ne le regardait qu'avec un seul œil. Dans cette circonstance, il n'existe aucune différence entre la perception d'un objet en relief et le dessin de perspective qui en est tracé sur un plan : une peinture d'objets éloignés peut donc offrir une ressemblance tellement complète de ce que l'on a voulu représenter, que le tableau est pris pour l'objet original, lorsqu'on évite ce qui peut troubler l'illusion (Wheatstone).

Dans ce cas, le transport du *rideau* physiologique,

à une grande distance, n'offre à nos regards que des
images simples, quelque part que ce rideau soit posé
au milieu des objets lointains — aucune image double ne s'y fait remarquer :

Il y a donc une distance à laquelle ceux-ci, quoique impressionnant à la fois les deux rétines et placés
d'ailleurs soit en-deçà, soit en-delà du *rideau* limitateur, ne donnent lieu chacun qu'à une seule image
sensorielle, la double impression faite sur chaque
œil se confondant à cause de leur extrème rapprochement. La parallaxe oculaire relativement trop petite
devient nulle, comme base trigonométrique et le
résultat est le même que si l'on regardait avec un
seul œil. L'on ne peut faire entrer, dans l'idée du
relief, l'élément géométrique renfermé dans le sentiment instinctif de l'inclinaison simultanée des deux
axes oculaires sur la ligne qui joint le centre des
deux cristallins, et celui du mouvement amené par
le concours de la vue simple et de la vue double, au
tableau sensoriel arrêté par le *rideau* physiologique.

L'idée du relief, provoqué par le dessin d'objets
lointains, dépend donc des lois de la perspective et
de la dégradation des teintes. Ce dessin est la copie

de l'image rétinienne, identique dans chaque œil. L'illusion est donc égale à celle que fait naître la vue de l'objet lui-même : nous pouvons assurer qu'elle lui est supérieure et tient plus du relief que celle obtenue par la contemplation directe d'un immense paysage, vu d'une grande hauteur, la tête inclinée au-dessous de la ligne horizontale, ou bien tout-à-fait tournée en bas, de manière à voir entre les jambes; or, on sait que le paysage apparaît alors, aux regards *déroutés,* sous la forme d'un magnifique tableau, comme s'il était peint par la main d'un grand artiste et dans lequel le relief, les distances, sont loin d'être appréciés comme dans l'attitude ordinaire du regard. Ce tableau, illuminé par la vie, est le décalque exact de l'image rétinienne, identique dans les deux yeux.

Les perceptions visuelles ne sont pas, dans ce cas, accompagnées de phénomènes simultanés de simple et double vision, et tout s'y passe comme si le paysage n'était lui-même qu'un simple dessin, inapte à provoquer ces mêmes phénomènes.

Quelque grande que soit l'illusion des panoramas, il est bien certain que le sentiment du relief, sollicité par les objets lointains, ou par la peinture de leurs

apparences visibles, est bien inférieur à celui qu'engendrent les objets rapprochés envoyant une double
et différente image de leur projection dans nos yeux.

« L'identité de l'image adressée aux deux yeux
disparaît dès que l'objet est placé près de nous.
Chaque œil reçoit alors une perspective d'autant plus
différente que la convergence des yeux est plus
grande — ce dont on peut s'assurer en regardant
alternativement avec un œil, lorsque l'autre est fermé,
un objet à trois dimensions placé à une faible distance (Wheatstone). »

De cette différence naît l'idée du relief le plus pro-
noncé et tel que, sans le prestige des ombres ou des
couleurs, par la seule contemplation de lignes perspectives, disposées d'une manière différente et symétrique, dans les deux images faites par la projection
d'un objet sur chaque rétine, l'on voit cet objet avec
ses trois dimensions, la copie étant égale à l'original.

Si nous regardons avec attention des objets rapprochés, en quelque endroit que le *rideau* physiologique soit transporté au milieu d'eux, l'on remarque
toujours contractées, sur ce même rideau, les images
simples des objets qui s'y trouvent naturellement

situés et les images doubles d'autres objets placés, en avant ou en arrière, avec leur disposition croisée ou non croisée, suivant le lieu qu'ils occupent.

Regardons ensuite la peinture de ces mêmes objets, nous n'y remarquerons rien d'analogue à ce qui vient d'être dit. Les images projetées par cette peinture sur nos rétines sont identiques. Dès lors, quelle que soit l'attention que l'on mette à se rendre compte de ses impressions, la vue simple d'objets appartenant à un plan n'appelle pas la vue double d'objets situés en avant ou en arrière. Donc, ce tableau n'est que la représentation de l'image d'un seul œil. Les artistes ferment exprès un œil et resserrent les paupières de l'autre, afin de mieux saisir les effets des lignes raccourcies, ceux de la dégradation des teintes à travers un demi-jour qui les rend plus sensibles. Ils ont recours au même artifice pour abstraire la *réalité,* réduire ce qui est vu à sa seule apparence, en se mettant ainsi face à face avec un seul tableau sensoriel dont ils font alors une copie infiniment plus exacte. De là, la faiblesse du relief, car pour apprécier les distances, il faut autre chose que la perspective et les ombres, il faut la combinaison sensorielle des deux images différentes projetées sur nos rétines et sans laquelle ne peut se produire la véritable condition du relief, c'est-à-dire le sentiment instinctif des distances relatives, excité par les effets du concours simultané de la vue simple et de la vue double.

Si l'on voulait un tableau d'objets rapprochés que l'on pût confondre avec ces objets eux-mêmes, il faudrait que le peintre reproduisît sur la même toile les impressions différentes faites sur ses rétines. L'on ne peut, avec des couleurs plus ou moins opaques, opérer la fusion de deux perspectives différentes dans un tableau unique, car la peinture cache ce qui est derrière elle et dont une grande partie cependant n'est pas voilée en réalité au regard de l'un de nos yeux.

Ce que l'art n'a pas reproduit, la science vient de le réaliser d'une autre manière. Les expériences du savant Anglais exposent à nos yeux émerveillés, dans la fusion des deux images différentes d'un objet, les conditions de saillie qu'offre l'unique original de ces deux images dans toutes les variétés de ses apparences. Ce que chaque œil aperçoit de son point de vue particulier sur le *réel,* il le retrouve dans la *sensation* de ses deux images conjuguées, à la faveur de cette sorte de transparence vitale que la peinture matérielle chercherait vainement à imiter.

Mettez dans le stéréoscope une double image *symétrique* représentant la projection d'un polyèdre quelconque dans chaque œil :

Au premier abord, ces images semblent se superposer complètement dans toutes leurs parties et font naître sur-le-champ l'impression bien sentie du corps vu avec ses trois dimensions.

Bientôt, et sans savoir pourquoi, l'on remarque que certaines parties se disjoignent; mais si l'on serre de plus près le phénomène, que le regard transporte le *rideau* physiologique dans les parties les plus éloignées de l'image wheatstonienne, l'on ne tarde pas à s'apercevoir que les lignes les plus proches se dédoublent en se croisant, tandis que les autres sont vues simples. Le *rideau* physiologique vient-il s'établir sur le plan le plus rapproché, les lignes de celui-ci se réunissent et celles du plan éloigné se disjoignent sans se croiser.

Soient (*fig.* 7) les deux images géométriques x y supposées rabattues autour de la ligne des centres dans le plan des axes optiques. Ces images à dispositions symétriques proviennent des projections du cône *c o* et sont vues réunies dans le stéréoscope *s t* en une seule image *c o* formant un relief égal à celui de l'objet. Les deux petits cercles *x' y'* sont confondus en *a,* et les deux grands *x y* en *b,* séparés par la distance *a b.*

Le rideau physiologique fixé sur *a* fait apparaître ce point *simple,* ainsi que toutes les parties du cercle dont il est le centre, et *double* le point *b* dans ses images *b' b''* croisées; transporte-t-on en *b* le *voile* limitateur, *b* devient aussitôt simple, et *a* double dans ses images *a' a''* non croisées. De sorte qu'en regardant le petit cercle du cône, qui dès lors apparaît simple, on voit en même temps le grand double, et *vice versâ* (*fig.* 8 et 9).

Juger la distance *a b* (*fig.* 7) par les effets instinctifs de la vue simple et double, c'est ajouter le sentiment de la *profondeur,* issu de la combinaison de deux images différentes, au sentiment de la *hauteur* et de la *largeur,* provoqué par chacune d'elles en particulier. On réalise ainsi les trois dimensions dans les trois variétés de direction selon lesquelles la distance s'offre à nous pour former les reliefs objectif et subjectif.

La *hauteur* et la *largeur* sont les caractères spéciaux de la surface, et la *profondeur,* appréciée par la trigonométrie de l'instinct, est celui de la bosse ou du relief.

Un nombre infini de fois nous avons répété l'expérience sur des polyèdres linéaires symétriques, inverses ou non, nous avons toujours observé la simultanéité de la vue simple et de la vue double dans des conditions identiques à celles qui président aux mêmes phénomènes dans la contemplation des objets.

Faites subir la même épreuve à des photographies provenant de deux projections différentes, et vous obtiendrez le même résultat sur les effets du transport successif du *rideau* vital.

Là, ce genre d'observation est un peu plus difficile à cause de l'habitude contractée, depuis la naissance, d'arrêter et de concentrer l'attention sur les objets vus simples. Les effets de cette habitude font que l'homme passe sa vie entière sans se douter qu'à côté d'images uniques il y a nécessairement des images doubles que le *rideau* limitateur tient désunies tant qu'il reste invariablement à la même place.

Aussi ne sommes-nous pas surpris que l'aptitude

du stéréoscope à produire les phénomènes connexes de simple et double vision ait échappé, pour le même motif, à l'attention des observateurs, à celle peut-être de Wheatstone lui-même. Les phénomènes de vue double sont fugitifs, vagues, perçus qu'ils sont par les parties pseudo-amblyopiques de la rétine et confondus dans le principe avec la superposition incomplète encore de l'ensemble des deux images. Mais lorsqu'on s'est assuré de cette superposition, l'on est surpris de voir les lignes doubles se confondre en une seule et les lignes simples se dédoubler alternativement chaque fois que les axes déplacent leur point d'intersection.

On est donc théoriquement et empiriquement fondé à soutenir que la jonction parfaite de deux images différentes est impossible, qu'elle n'est que partielle et limitée au lieu géométrique des images simples.

Nous engageons les observateurs qui voudront vérifier ces faits, nouveaux dans la science, à choisir de préférence des figures linéaires, dont les lignes antérieures et postérieures, mises en relief, puissent être comprises facilement dans le même regard; à ne pas se préoccuper des traits horizontaux, qui ne se

séparent pas, tant qu'ils sont dans le plan des axes
oculaires; à se défier des illusions d'une revue successive et détaillée, parce que elle a pour résultat
nécessaire de constater la superposition successive
aussi de toutes les parties disjointes de l'image et de
faire croire à une superposition d'ensemble, impossible à déduire de l'observation des détails.

Dans l'image sensorielle de deux figures *identiques*,
le regard a beau scruter ses parties les plus proches
ou les plus éloignées en apparence, il ne voit autre
chose que des lignes inexorablement simples, toujours
en parfaite coïncidence; c'est que cette image n'est
pas adéquate à celle de l'objet vu dans ses deux différentes projections : elle en diffère par l'immobilité
de ses lignes, qui changent au contraire d'aspect,
chaque fois que les yeux considèrent de nouveaux
plans dans le tableau présenté à l'âme par la congruence de deux figures *symétriques*.

C'est dans ce mouvement de lignes, tantôt simples,
tantôt doubles que le sentiment du relief trouve son
élément fondamental, — il surgit aussi de l'effet
qu'entraînent après elles les variations angulaires des
axes, variations traduites en mouvements de l'organe

oculaire harmoniquement et solidairement liés avec les changements perçus dans le tableau mobile de la sensation complète.

Celle-ci offre à l'esprit un élément certain pour apprécier la distance en *profondeur* dans le jeu de la vue simple et de la vue double; cet élément fait défaut dans le paysage lointain et dans la peinture qui le représente. — On remarque ici la largeur et la hauteur et un vestige de profondeur dans les *dégradations* de teintes, qui remplacent très-imparfaitement la *profondeur* géométrique, si bien appréciée dans la vue de l'objet ou de sa représentation fidèle au moyen de sa double projection dans le système oculaire.

La distance $a\,b$ (*fig.* 7) ne peut donc avoir sa réalité que par les effets du *rideau* limitateur, selon qu'il est fixé en a ou en b.

La différence des angles a et b d'une part, et de l'autre l'existence d'images doubles $b'\,b''$ croisées ou $a'\,a''$ non croisées, à côté de l'image simple de a ou de b, tout cela n'implique-t-il la distance et partant la *profondeur* — c'est-à-dire le complément de la hauteur et de la largeur pour constituer le *relief?*

Les images différentes projetées, sur les rétines par

le double dessin du stéréoscope, ne restent pas en l'état sur ces membranes, ainsi qu'on l'a supposé :

Le déplacement angulaire des axes amène un déplacement correspondant dans les parties de l'image qui viennent successivement passer sur la portion de rétine destinée à la vue distincte, pour se réunir en une seule et se diviser ensuite au contact d'autres portions, lorsque le regard change successivement de place.

L'idée du relief est un effet de la sensation harmonique des deux yeux sur l'esprit, qui arrive à la réalité des choses extérieures par les signes des distances dans les trois directions qu'elles prennent pour devenir *hauteur, largeur, profondeur*.

Un seul œil suffit à l'appréciation de la hauteur et de la largeur jugée dans l'angle soustendu par l'objet : les deux yeux sont indispensables à l'appréciation de la *profondeur* jugée dans la limitation de leur convergence à l'aide du *rideau* physiologique.

Les images à perspectives différentes sont, selon nous, par leur combinaison sensorielle, l'exacte reproduction des apparences visibles du relief, exprimé par l'action du *rideau limitant* chaque projection oculaire.

Ces figures *symétriques*, quoique n'impressionnant chacune qu'un seul œil, dans le stéréoscope, produisent cependant le même effet, que si l'objet, dont elles sont les projections différentes, agissait simultanément sur nos deux rétines :

Voilà pourquoi l'image sensorielle qui en provient, offre, à nos regards, les éléments de la distance en profondeur, dans les effets de la vue simple et de la vue double et dans ceux des variations angulaires des axes.

Nous ne voyons donc l'objet que par l'image complexe de sa projection dans chaque œil.

La *réalité objective* se révèle ensuite en nous par ses apparences, visibles non comme la conséquence, mais comme la cause de la sensation. — Celle-ci une fois accomplie, la certitude de son existence vient de la raison, qui seule peut s'élever jusqu'à la notion absolue de l'*extériorité objective*, irréductible elle-même à ce que de simples perceptions peuvent avoir d'immédiatement saisissable.

Dire que nous voyons les objets, et non pas leurs images, est une erreur de l'homme de sens que la science doit rectifier.

Ainsi, les phénomènes de la vue double, regardés naguère comme une prétendue imperfection de l'organe, masquée par l'influence de la vue simple sur l'attention, ont été mis providentiellement en réserve pour servir à l'estimation de la *profondeur*, élément essentiel de la *bosse* ou du *relief*.

Les faits qui viennent d'être exposés, en explication du sentiment de relief, ne sont point contraires aux indications générales des points identiques en ce qu'elles ont de conforme avec celles de notre théorie de la *direction* :

Ils viennent donner surtout une nouvelle sanction expérimentale à cette dernière théorie établie sur la triple base de l'*Extériorité*, de la *Direction* et de la *Limitation* par le rideau physiologique, en lui empruntant une explication simple et irréprochable qui les embrasse tous sans exception.

CHAPITRE IX.

Résumé.

1. La vie est une force qui modifie la matière en élevant les lois minérales à la hauteur de sa propre puissance, et les rendant dépendantes d'autres lois, dont l'action est différente et bien autrement complexe.

2. S'il est vrai que l'impression faite sur les sens et la perception qui la suit soient séparées par un abîme, il est possible d'en éclairer les profondeurs et d'y découvrir des éléments certains amenant des solutions positives aux phénomènes vitaux, qui relient la matière à l'intelligence.

3. Les phénomènes de simples et doubles images *physiques* produits à l'aide de miroirs et d'un écran limitateur des rayons réfléchis, ont la plus grande

analogie, quant au jeu de leur manifestation, avec ceux des simples et doubles images *physiologiques* s'accomplissant en vertu de l'*extériorité,* de la *direction* et de la *limitation* par le rideau physiologique établi au point d'intersection des axes optiques.

4. Toutes nos sensations visuelles sont rapportées au *rideau physiologique* lui-même et non à l'endroit où se trouvent les objets. Elles sont toutes contractées sur ce plan, conformément aux lois d'une perspective irréprochable, qui reproduit ces objets avec leurs seules apparences visibles et tels qu'ils sont imagés sur la rétine.

5. Les images sensorielles *simples* se font remarquer à l'entrecroisement des axes optiques.

6. Les images sensorielles *doubles* croisées sont vues après, et les images non croisées avant leur entrecroisement.

Par les premières nous jugeons que l'objet d'où elles proviennent est situé plus près que l'objet vu simple;

Par les dernières nous concluons un plus grand éloignement de l'objet dédoublé.

7. L'on ne voit donc nécessairement pas les objets

à l'endroit où ils sont, mais à celui où leurs images se superposent, là où les axes optiques ont transporté le *rideau physiologique*.

8. La théorie des points *identiques* ne peut rendre compte de la disposition croisée des images : l'explication qu'elle donne des images non croisées n'est pas scientifique.

9. Les complications fibrillaires du nerf optique n'expliqueront jamais le jeu virtuel extérieur de nos sensations visuelles et ne changeront rien aux résultats de leur explication par notre théorie.

10. Dans l'expérience des simples et doubles images *physiques* la matière obéit à des lois issues de ses propriétés corporelles : — l'*action répulsive*, la *direction* et la *limitation* par l'écran, tout cela s'accomplit d'une manière concrète.

Dans les images *physiologiques* simples et doubles les résultats sont identiquement les mêmes, mais les procédés sont différents.

11. Le *miroir* renvoie dans l'espace une image réelle, en suivant les lois de l'incidence et de la réflexion.

12. La *papille* rétinienne transforme l'image physi-

que, en fait l'objet d'une perception visuelle, suivant une direction déterminée et invariablement la même. — L'image n'est pas purement matérielle et porte le cachet de la vie, car son caractère géométrique, l'*angle,* exclut l'intervention de l'élément mental dans l'acte sensoriel.

13. L'*écran* arrête *matériellement* la marche des rayons objectifs repoussés par les miroirs.

14. Le *rideau* physiologique limite *virtuellement* la direction des rayons subjectifs, par l'acte attentionnel de l'instinct qui détermine la convergence trigonométrique des axes : l'existence de ce *rideau* se relie donc à une cause vitale dont les effets, jusques à nouvelles recherches, ne sauraient être confondus avec ceux de l'écran matériel : et voyez cependant combien sont frappantes leurs analogies et combien sont identiques leurs résultats définitifs!

15. Les merveilleux phénomènes offerts par le stéréoscope sont tous expliqués, sans exception, par les propriétés du rideau physiologique.

A. Si les figures *identiques,* placées soit en avant soit en arrière du rideau limitateur paraissent toujours simples, c'est qu'elles n'impressionnent chacune qu'un seul œil à la fois, tant que l'appareil remplit son rôle isolant, et qu'elles apparaissent d'ailleurs sur le même plan.

Deux figures *symétriques* différentes quoique n'impressionnant chacune qu'un seul œil, produisent cependant le même effet que si l'objet, dont elles sont les projections, agissait simultanément sur nos deux rétines.

B. L'expérience démontre que la jonction sensorielle complète de deux images symétriques différentes est impossible, qu'elle n'est que partielle et limitée au lieu géométrique des images simples.

C. Le sentiment de relief provient alors de l'appréciation de la *profondeur*, dont les éléments physiologiques se trouvent dans les effets de la vue simple et de la vue double et dans ceux des variations angulaires des axes optiques.

D. Un seul œil suffit à l'appréciation de la *hauteur* et de la *largeur*.

E. Les deux yeux sont indispensables à l'appréciation de la profondeur, jugée dans la limitation de leur convergence par le rideau physiologique.

Partout où nous trouvons des actes physiologiques s'accomplissant avec une rigueur mathématique, nous pouvons montrer tôt ou tard la *force vivante* et fatale à laquelle ces recherches ont pour but de restituer la part exclusive qui lui revient dans la fonction visuelle, et qu'on lui a cependant arrachée, afin de l'attribuer à l'intelligence libre, lorsque les lois ordinaires de la matière ont été reconnues insuffisantes pour saisir le mécanisme de ces mêmes actes.

Plus on avance dans l'étude de la vie humaine, plus l'on voit insensiblement s'effacer les forces brutes, pour faire une large place aux forces actives, jusqu'à ce que, d'élimination en élimination ou de progrès en progrès, on arrive de la nutrition à la sensation, à l'instinct, et, de ces principes aveuples, solidairement rivés à la matière, l'on remonte à l'intelligence libre, à la raison, destinées à nous mettre en rapport immédiat avec le vrai, le beau et le bien, objets incessants de nos tendances morales.

Il nous reste maintenant à convertir la *solution obtenue* en une question nouvelle pour creuser et fouiller encore, dans les mystères de la vision, les secrets de l'*Extériorité*, de la *Direction* et de la *Limi-*

tation, en ayant soin de faire à la matière, à la vie, à l'intelligence la part revenant à chacun de ces éléments fondamentaux de la biologie humaine.

FIN.

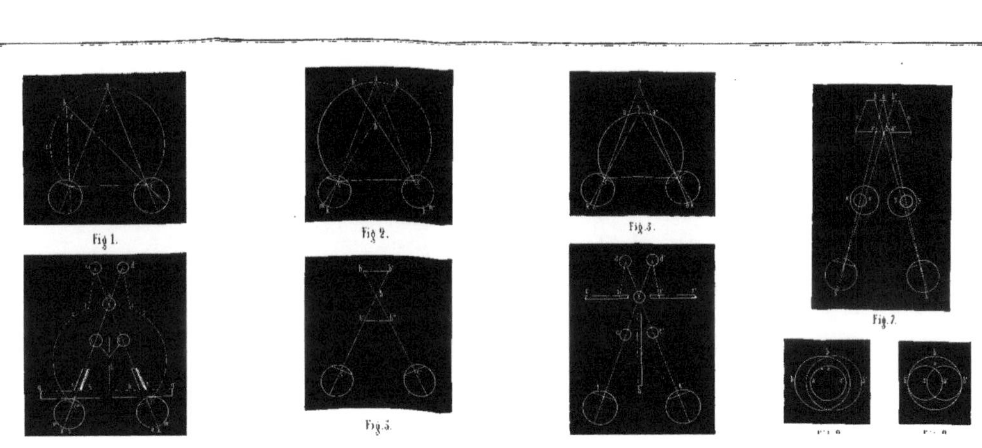

Fig 1.

Fig. 2.

Fig. 3.

Fig. 7.

Fig. 4.

Fig. 5.

Fig. 8.

Fig. 9.

9 782014 044942